上海市工程建设规范

建筑墙面涂料涂饰工程技术标准

Technical standard for architectural wall coating engineering

DG/TJ 08—504—2021

J 10023—2021

主编单位:上海市建筑科学研究院有限公司

批准部门:上海市住房和城乡建设管理委员会

施行日期:2022 年 2 月 1 日

同济大学出版社

2022 上海

图书在版编目(CIP)数据

建筑墙面涂料涂饰工程技术标准/上海市建筑科学研究院有限公司主编. —上海：同济大学出版社，2022.3

ISBN 978-7-5765-0168-1

Ⅰ.①建… Ⅱ.①上… Ⅲ.①墙－外饰面材料－建筑涂料－技术标准－上海②墙－室外装修－涂漆－技术标准－上海 Ⅳ.①TU56-65②TU767.3-65

中国版本图书馆 CIP 数据核字(2022)第 039017 号

建筑墙面涂料涂饰工程技术标准

上海市建筑科学研究院有限公司　**主编**

责任编辑　朱　勇
责任校对　徐春莲
封面设计　陈益平

出版发行　同济大学出版社　　www.tongjipress.com.cn
(地址:上海市四平路 1239 号　邮编：200092　电话:021－65985622)
经　　销　全国各地新华书店
印　　刷　浦江求真印务有限公司
开　　本　889mm×1194mm　1/32
印　　张　1.5
字　　数　40 000
版　　次　2022 年 3 月第 1 版　　2022 年 3 月第 1 次印刷
书　　号　ISBN 978-7-5765-0168-1
定　　价　15.00 元

上海市住房和城乡建设管理委员会文件

沪建标定〔2021〕559 号

上海市住房和城乡建设管理委员会
关于批准《建筑墙面涂料涂饰工程技术标准》
为上海市工程建设规范的通知

各有关单位：

由上海市建筑科学研究院有限公司主编的《建筑墙面涂料涂饰工程技术标准》，经审核，现批准为上海市工程建设规范，统一编号为 DG/TJ 08—504—2021，自 2022 年 2 月 1 日起实施。原《外墙涂料工程应用技术规程》（DG/TJ 08—504—2014）同时废止。

本规范由上海市住房和城乡建设管理委员会负责管理，上海市建筑科学研究院有限公司负责解释。

特此通知。

上海市住房和城乡建设管理委员会

二〇二一年九月三日

前 言

本标准根据上海市住房和城乡建设管理委员会《关于印发〈2019年度上海市工程建设规范、建筑标准设计编制计划〉的通知》（沪建标定〔2018〕753号）的要求，由上海市建筑科学研究院有限公司会同有关单位，在原《外墙涂料工程应用技术规程》（DG/TJ 08—504—2014）基础上修订完成。本次修订的主要内容如下：

1. 增加了内墙涂料及配套材料的材料、施工及验收要求。

2. 增加了罩光清漆的材料要求。

3. 增加了墙面涂料和配套材料的相容性要求。

4. 增加了涂料进场复验要求。

5. 删除了溶剂型外墙涂料、交联型氟树脂涂料和建筑反射隔热涂料的材料、施工及验收要求。

6. 删除了外墙外保温系统饰面涂料的相关要求。

各单位及相关人员在执行本标准过程中，如有意见和建议，请反馈至上海市住房和城乡建设管理委员会（地址：上海市大沽路100号；邮编：200003；E-mail：shjsbzgl@163.com），上海市建筑科学研究院有限公司（地址：上海市申富路568号；邮编：201109；E-mail：xwl3087@126.com），上海市建筑建材业市场管理总站（地址：上海市小木桥路683号；邮编：200032；E-mail：shgcbz@163.com），以供今后修订时参考。

主 编 单 位：上海市建筑科学研究院有限公司

参 编 单 位：沪宝新材料科技（上海）股份有限公司

立邦涂料（中国）有限公司

阿克苏诺贝尔漆油（上海）有限公司

德爱威(中国)有限公司
上海宝平建材有限公司
上海住总集团建设发展有限公司
上海建科工程改造技术有限公司
上海建科广申建筑设计有限公司

主要起草人: 杨　霞　夏文丽　韩秀秀　吴晓宇　孟　运
宋　凯　王　芳　黄兢华　宋卫忠　高　臻
吴振邦　王霁新　苏莹莹　仲小亮　李　洋
宋莹莹　吕申婴　于　沙

主要审查人: 郭　青　赵　俊　周　东　贺鸿珠　沈孝庭
楼明刚　沈三新

上海市建筑建材业市场管理总站

目 次

Contents

1 总 则

1.0.1 为规范本市建筑墙面涂料的工程应用，保证涂饰工程施工质量，制定本标准。

1.0.2 本标准适用于本市新建、扩建和改建的建筑墙面涂料涂饰工程的设计、施工和验收。

1.0.3 建筑墙面涂料涂饰工程的设计、施工及验收除应符合本标准外，尚应符合国家、行业和本市现行有关标准的规定。

2 术 语

2.0.1 建筑墙面涂料 architectural wall coating

涂覆在以水泥基和其他非金属材料(木质材料除外)为基材的建筑表面的墙面材料。

2.0.2 涂饰工程 building painting operation

用涂饰材料对建筑物进行装饰和保护的工程。

2.0.3 涂饰材料 surface decoration material

涂饰工程所用材料的总称,包括涂料及配套材料。

2.0.4 基层 substrate

涂饰对象的表层。

3 材 料

3.1 一般规定

3.1.1 建筑墙面涂料、底漆和腻子的有害物质限量应符合现行国家标准《建筑墙面涂料有害物质限量》GB 18582 的技术指标规定。

3.1.2 涂饰材料的包装应符合现行国家标准《涂料产品包装通则》GB/T 13491 的规定，并注明生产厂家、生产地址、产品型号、生产日期、产品标准、保质期、产品配合比等。

3.1.3 涂饰材料贮存时应保证通风、干燥，防止日光直接照射且冬季贮存温度不宜低于 5℃。

3.1.4 涂饰材料均应在其保质期内使用。

3.2 外墙涂料

3.2.1 本标准适用的外墙涂料种类为合成树脂乳液外墙涂料、弹性建筑涂料、合成树脂乳液砂壁状建筑涂料、建筑外墙用液态无机涂料、复层建筑涂料、水性氟树脂涂料、水性多彩建筑涂料、建筑涂料用罩光清漆等适用于外墙涂饰的材料。

3.2.2 外墙涂料的技术指标应符合表 3.2.2 的要求。

表 3.2.2 外墙涂料品种及其技术指标要求

序号	涂料品种	技术指标要求
1	合成树脂乳液外墙涂料	符合《合成树脂乳液外墙涂料》GB/T 9755—2014 中一等品的技术指标规定
2	弹性建筑涂料	符合《弹性建筑涂料》JG/T 172—2014 中外墙部分Ⅰ型的技术指标规定

续表3.2.2

序号	涂料品种	技术指标要求
3	合成树脂乳液砂壁状建筑涂料	符合《合成树脂乳液砂壁状建筑涂料》JG/T 24的技术指标规定
4	建筑外墙用液态无机涂料	符合《建筑内外墙用液态无机涂料》JG/T 26的技术指标规定
5	复层建筑涂料	符合《复层建筑涂料》GB/T 9779的技术指标规定
6	水性氟树脂涂料	符合《水性氟树脂涂料》HG/T 4104的技术指标规定
7	水性多彩建筑涂料	符合《水性多彩建筑涂料》HG/T 4343的技术指标规定
8	建筑涂料用罩光清漆	符合《建筑涂料用罩光清漆》HG/T 5065的技术指标规定

3.2.3 建筑外墙涂料的技术指标除应符合表3.2.2的要求外，其耐酸雨性指标宜满足5个循环周期后涂膜无异常，检测方法按本标准附录A进行。

3.3 内墙涂料

3.3.1 本标准适用的内墙涂料种类为合成树脂乳液内墙涂料、水性液态内墙硅藻涂料、抗菌涂料、儿童房装饰用内墙涂料、内墙耐污渍乳胶涂料、低挥发性有机化合物(VOC)水性内墙涂料、建筑内墙用液态无机涂料等适用于内墙涂饰的材料。

3.3.2 内墙涂料的技术指标应符合表3.3.2的要求。

表3.3.2 内墙涂料品种及其技术指标要求

序号	涂料品种	技术指标要求
1	合成树脂乳液内墙涂料	符合《合成树脂乳液内墙涂料》GB/T 9756—2018中一等品的技术指标规定

续表3.3.2

序号	涂料品种	技术指标要求
2	水性液态内墙硅藻涂料	符合《水性液态内墙硅藻涂料》HG/T 5172 的技术指标规定
3	抗菌涂料	符合《抗菌涂料》HG/T 3950 的技术指标规定
4	儿童房装饰用内墙涂料	符合《儿童房装饰用内墙涂料》GB/T 34676 的技术指标规定，特别要求耐洗刷≥10 000次，TVOC释放量[a]≤3.0 mg/m^3，甲醛释放量[b]≤0.1 mg/m^3
5	内墙耐污渍乳胶涂料	符合《内墙耐污渍乳胶涂料》HG/T 4756 的技术指标规定
6	低挥发性有机化合物（VOC）水性内墙涂料	符合《低挥发性有机化合物（VOC）水性内墙涂覆材料》JG/T 481 的技术指标规定
7	建筑内墙用液态无机涂料	符合《建筑内外墙用液态无机涂料》JG/T 26 的技术指标规定

[a,b] 测试方法按 JG/T 481 的规定进行

3.4 配套材料

3.4.1 合成树脂乳液外墙涂料配套底漆应符合现行国家标准《合成树脂乳液外墙涂料》GB/T 9755 的技术要求，其他类型外墙涂料配套底漆应符合现行行业标准《建筑内外墙用底漆》JG/T 210 的技术要求。合成树脂乳液内墙涂料配套底漆应符合现行国家标准《合成树脂乳液内墙涂料》GB/T 9756 的技术要求，其他类型内墙涂料配套底漆应符合现行行业标准《建筑内外墙用底漆》JG/T 210 的技术要求。

3.4.2 外墙腻子应符合现行行业标准《建筑外墙用腻子》JG/T 157 的技术要求，外墙柔性腻子应符合现行国家标准《外墙柔性腻子》GB/T 23455 的技术要求；内墙腻子应符合现行行业标准《建筑室内用腻子》JG/T 298 的技术要求。

3.4.3 工程中配套使用的材料必须与选用墙面涂料能相容，相容性技术指标应符合表 3.4.3 的规定

表 3.4.3 配套材料与墙面涂料相容性技术指标要求

涂层类型	项目	技术要求	试验方法
内墙复合涂层（腻子＋底漆＋面漆）	涂膜外观	无起泡、无开裂、无掉粉、无脱落	见本标准附录 B
外墙复合涂层（腻子＋底漆＋面漆）	涂膜外观	无起泡、无开裂、无掉粉、无脱落	
	耐水性（96 h）	无起泡、无起皱、无开裂、无掉粉、无脱落、无明显变色	
	耐冻融性（5 次循环）	无起泡、无起皱、无开裂、无掉粉、无脱落、无明显变色	

4 设 计

4.0.1 设计选定的墙面涂料应满足本标准第 3 章规定的技术指标要求。

4.0.2 建筑墙面选用涂料时，应根据基层类型和构造、建筑物所处环境、施工条件等技术经济因素，合理选择涂料种类、等级、色彩及配套体系。

4.0.3 设计应明确饰面基层表面干燥、清洁度、平整度、分格缝、粘结性等要求。

4.0.4 设计应根据建筑物使用功能选择涂料，应确定涂料的种类及所选品种的主要性能指标，并应制作相应的样板墙。

4.0.5 涂料颜色应以色卡序号确定色号，色卡号之外的颜色，应由建设单位或相关专业单位提供，并应封样。

4.0.6 设计选定的涂料，宜采用“一底二面”涂层施工，有特殊要求的涂饰工程，可增加涂层数或罩光漆。

4.0.7 旧涂层的墙面需重涂外墙涂料时，应先修补裂缝，对渗漏水部位做好防水处理后，再涂饰涂料；选用的涂料应与原涂层相容，必要时采用界面处理后予以复涂；建筑外墙外保温系统进行整体维修时，应对存在空鼓、裂缝、抗裂附加层损坏、渗漏等缺陷的基层进行检修。

4.0.8 厨房、卫生间和地下室等潮湿环境的内墙应选用具有耐水功能的腻子和防霉涂料。

5 施 工

5.1 一般规定

5.1.1 建筑墙面涂料涂饰工程中使用的底漆和面漆宜采用同一家企业生产的配套产品。施工单位应委托第三方检测单位对面漆、底漆和腻子进行相容性检测，检测合格后，方能用于墙面施工。

5.1.2 建筑墙面涂料的施工应在基层验收合格后进行，涂料基层的平整度应符合现行国家标准《建筑装饰装修工程质量验收规范》GB 50210 的要求，且应符合下列要求：

1 基层应牢固、不开裂、不掉粉、不起砂、不空鼓。

2 基层表面应清洁、无灰尘、无浮浆、无油迹、无霉点、无盐类析出物和青苔等异物。

3 基层应干燥，含水量不得大于10%。

4 基层应表面平整、立面垂直、阴阳角方正和无缺棱掉角。设置分格缝时，分格缝深浅一致且横平竖直。基层质量的允许偏差和检验方法应符合表5.1.2的要求。

表 5.1.2 基层质量的允许偏差和检验方法

项次	项目	允许偏差(mm)	检验方法
1	表面平整度	3	用2 m靠尺和塞尺检查
2	立面垂直度		用2 m垂直检测尺检查
3	阴阳角方正		用200 mm直角检测尺检查
4	分格缝直线度		拉5 m线，不足5 m拉通线，用钢直尺检查

5.1.3 根据设计单位选定涂料的式样、色彩、光泽、材料种类、等

级、工程类型、涂饰要求、基层条件、施工平台及涂饰机械等编制涂饰工程施工方案。

5.1.4 施工现场选定的涂料应具有合格产品报告、产品质量保证书、合格证和使用说明书等。

5.1.5 涂料进场后，见证取样复验应符合下列规定。

1 同一厂家生产的同一品种、同一型号规格、同一批号的进场材料为一检验批，应抽取一组样品进行复验。

2 外墙涂料的复验项目包括耐沾污、耐碱性、VOC 含量、对比率(或粘结强度)；内墙涂料的复验项目包括耐碱性、耐洗刷性、VOC 含量、对比率。内墙底漆的复验项目包括透水性、抗泛碱性、VOC 含量；外墙底漆的复验项目包括透水性、抗泛盐碱性、VOC 含量。外墙腻子的复验项目包括粘结强度、初期干燥抗裂性、打磨性、耐水性、VOC 含量；内墙腻子的复验项目包括粘结强度、初期干燥抗裂性、打磨性、VOC 含量。

5.1.6 涂饰工程应按“基层处理、底涂层、中间涂层、面涂层”的顺序进行，后一遍涂层的施工必须在前一遍涂层表面干燥后进行。涂料施工每一遍涂料应涂饰均匀，各层涂料必须结合牢固。整个工程中同一幢楼中的同一种涂料宜使用同一批号产品，应无明显色差。多组分涂料的施工，应严格按产品说明书规定的比例配制，根据实际使用量分批混合均匀，并在规定的时间内使用。

5.1.7 涂料施工作业环境温度范围应符合产品说明书要求，施工时气温不宜低于 5℃且相对湿度宜小于 85%。当遇大雾、大风、雨天时，应停止户外涂饰工程施工。

5.1.8 涂料施工过程中，涂饰墙面上的门窗、五金件、室内灯具及电气开关插座等应进行防护遮挡，防止粘附涂料。若不慎粘上，应在涂料成膜前及时清理干净。

5.1.9 涂料施工后应采取必要的成品保护措施。

5.2 施工工序

5.2.1 内墙涂料、合成树脂乳液外墙涂料、水性氟树脂涂料和建筑外墙用液态无机涂料的施工宜符合下列规定：

1 内墙涂料、合成树脂乳液外墙涂料、水性氟树脂涂料和建筑外墙用液态无机涂料的施工工序宜符合图 5.2.1 的要求。

图 5.2.1 内墙涂料、合成树脂乳液外墙涂料、水性氟树脂涂料和建筑外墙用液态无机涂料的施工工序

2 石膏板内墙、顶棚表面处板缝应处理后再进行涂料施工。

5.2.2 弹性建筑涂料的施工宜符合下列规定：

1 厚涂型弹性建筑涂料的施工工序宜符合图 5.2.2-1 的要求。

图 5.2.2-1 厚涂型弹性建筑涂料的施工工序

2 厚涂型弹性建筑涂料应使用专用聚氨酯泡沫辊施工。施工后面漆干膜凹点厚度大于或等于 150 μm，凸点厚度大于或等于 300 μm。

3 平涂型弹性建筑涂料施工工序符合图 5.2.2-2 的施工要求。

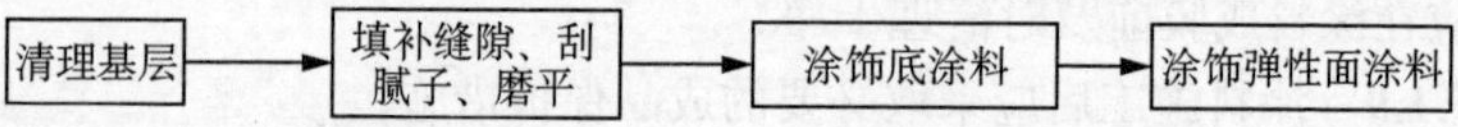

图 5.2.2-2 平涂型弹性涂料的施工工序

4 平涂型弹性建筑涂料采用喷涂法施工时，不受表中施工遍数限制，以达到面漆干膜厚度大于或等于 150 μm 为标准。

5.2.3 合成树脂乳液砂壁状建筑涂料的施工宜符合下列规定：

1 合成树脂乳液砂壁状建筑涂料的施工工序宜符合图 5.2.3 的要求。

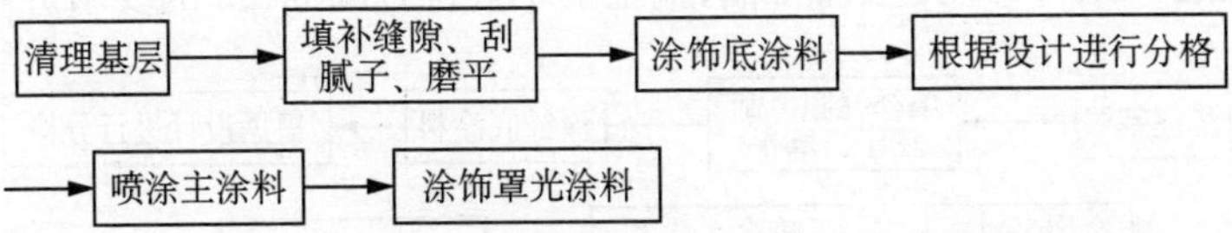

图 5.2.3 合成树脂乳液砂壁状建筑涂料的施工工序

2 大墙面涂饰施工宜按规定要求进行分格，然后逐格施工。

3 底涂层可用辊涂、刷涂或喷涂工艺进行。喷涂主层材料时应按照装饰设计要求，通过试喷确定涂料粘度、喷嘴直径、空气压力及喷涂管尺寸。

4 主层涂料和套色采用喷涂施工时，同一立面宜采用同一喷涂方法同条件喷涂，确保涂料喷涂均匀。

5.2.4 复层建筑涂料的施工宜符合下列规定：

1 复层建筑涂料的施工工序宜符合图 5.2.4 的要求。

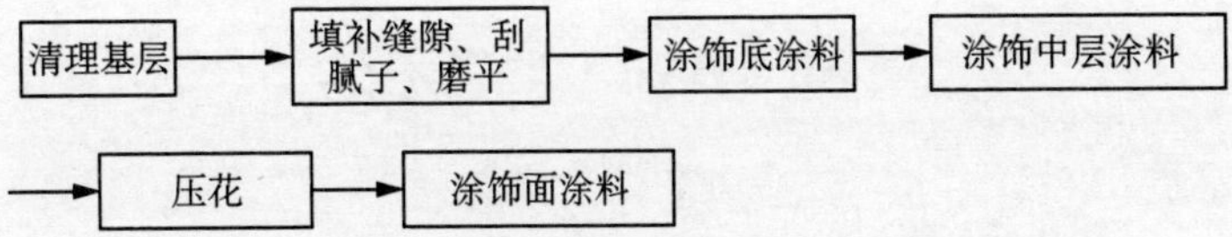

图 5.2.4 复层建筑涂料的施工工序

2 底涂层涂料可用辊涂或喷涂工艺进行。喷涂中间层涂料时，控制涂料的粘度，并根据凹凸立面不同要求选用喷枪嘴口径、喷枪工作压力、喷射距离等参数，喷枪运行中喷嘴中心线应垂直于墙面，喷枪应沿被涂墙面匀速平行移动。

3　压平型的中间层，应在中间层涂料喷涂表干后，用塑料辊筒将隆起部分表面压平。

4　复层涂料施工若以聚合物水泥为中间层，应在中间层涂料喷涂干燥后，采用抗碱封底涂料封闭，再施涂面层涂料2遍。

5　面层涂料干燥间隔时间应按产品说明要求进行。

5.2.5　水性多彩建筑涂料的施工工序宜符合图5.2.5的要求。

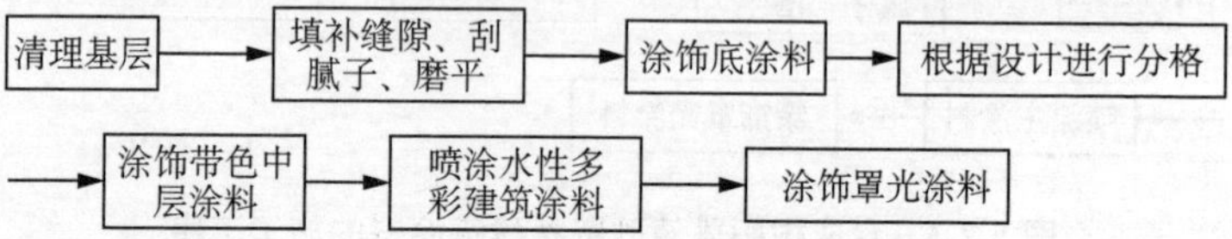

图5.2.5　水性多彩建筑涂料的施工工序

6 验 收

6.1 一般规定

6.1.1 建筑墙面涂料涂饰工程应按现行国家标准《建筑装饰装修工程质量验收规范》GB 50210、《建筑工程施工质量验收统一标准》GB 50300 和现行行业标准《建筑涂饰工程施工及验收规程》JGJ/T 29 的相关规定进行施工质量的验收。

6.1.2 建筑墙面涂饰工程验收应在涂层完全干燥后、交付使用前进行，质量验收应分为资料验收和现场验收。

6.1.3 资料验收时应检查下列资料，并纳入竣工技术档案：

1 涂饰工程的设计文件、设计变更及其他相关专项审查文件。

2 通过审批的专项施工方案。

3 涂饰工程所用材料的产品合格证、产品质量保证书、性能检测报告及进场验收记录。

4 涂饰工程所用材料的见证取样复验报告。

5 施工自检记录及施工记录。

6 施工单位的相关资质证书。

6.1.4 建筑墙面涂饰工程现场验收的检验批和检验数量应符合下列规定：

1 检验批：室外涂饰工程每一栋楼的同类涂料涂饰的墙面 1 000 m^2 划分为一个检验批，不足 1 000 m^2 也划分为一个检验批；室内涂饰工程同类涂料涂饰墙面每 50 间（走廊按涂饰面积每 30 m^2 为一间）划分为一个检验批，不足 50 间也划分为一个检验批。

2 检验数量:室外涂饰工程每个检验批的 100 m^2 应检查一处,每处不小于 10 m^2;室内涂饰工程每个检验批应至少抽查 10%,并不得少于 3 间;不足 3 间时,应全数检查。

6.2 主控项目

6.2.1 涂料涂饰工程采用的内外墙涂料、底漆和腻子的品种、型号和性能应符合设计要求及国家现行标准的相关规定。

检查方法:检查出厂合格证、型式检验报告、有害物质限量报告、相容性试验报告、进场复验报告和进场验收记录。

6.2.2 涂料涂饰工程的颜色、色泽和图案应符合设计要求。

检查方法:观察。

6.2.3 涂料涂饰工程内外墙涂饰均匀、色泽一致、粘结牢固、不得有漏涂、透底、掉粉、起皮、脱落。

检查方法:观察。

6.2.4 涂料涂饰工程门窗洞口、空调机、穿墙管处、雨水落水口等处的涂饰应符合设计和工程的要求。

检查方法:观察。

6.3 一般项目

6.3.1 内墙涂料、合成树脂乳液外墙涂料、弹性建筑涂料、建筑用水性氟涂料和建筑外墙用液态无机涂料等涂饰工程的质量应符合表 6.3.1 所列的各项规定。

表 6.3.1 内墙涂料、合成树脂乳液外墙涂料、弹性建筑涂料、建筑用水性氟涂料和建筑外墙用液态无机涂料等涂饰工程的质量要求

项次	项 目	质量要求
1	掉粉、起皮	不允许

续表6.3.1

项次	项 目	质量要求
2	漏涂、透底	不允许
3	泛碱、咬色	不允许
4	流坠、疙瘩	不允许
5	颜色、刷纹	颜色一致,无刷纹
6	光泽和质感	质感细腻,光泽均匀
7	分色线平直(拉 5 m 线检查,不足 5 m 拉通线检查)	偏差不大于 2 mm
8	五金、门窗等非涂饰部位	洁净

6.3.2 合成树脂乳液砂壁状建筑涂料、复层建筑涂料和水性多彩涂料涂饰工程的质量,应符合表 6.3.2 所列的各项规定。

表 6.3.2 合成树脂乳液砂壁状建筑涂料、复层建筑涂料和水性多彩涂料涂饰工程的质量要求

项次	项 目	质量要求
1	漏涂、透底	不允许
2	开裂	不允许
3	反锈、掉粉、起皮	不允许
4	泛碱、咬色	不允许
5	颜色	一致
6	五金、门窗等非涂饰部位	洁净

附录 A　外墙涂料耐酸雨性能测试

A.0.1　试板要求

本方法中所用的试验底板均为无石棉水泥平板，尺寸为 150 mm×70 mm×(4～6)mm，其表面处理按现行国家标准《色漆和清漆　标准试板》GB/T 9271 进行。

A.0.2　试板制备

试板的制备同国家标准《合成树脂乳液外墙涂料》GB/T 9755—2014 第 5.3.3.2 条中的耐水性试板。

A.0.3　试验装置

喷淋装置如图 A.0.3 所示。

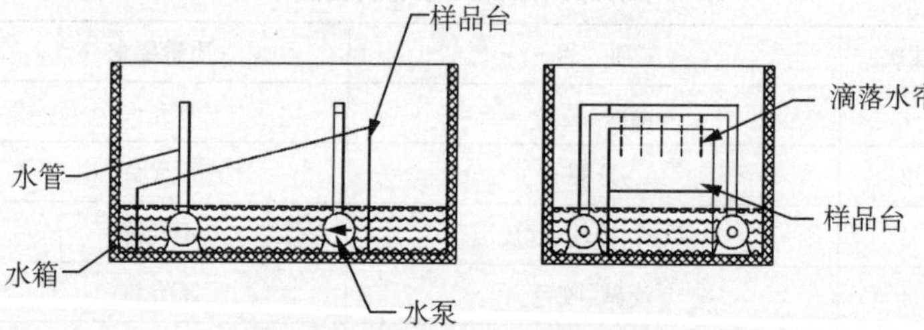

图 A.0.3　耐酸雨性能喷淋装置

此装置的结构参数描述如下：

样品台倾斜度：45°；

平行喷淋水管与试板上沿表面垂直距离：150 mm；

喷水孔孔径：Φ15 mm；

喷水孔间距：10 mm；

水泵流量：480 L/h。

A.0.4 模拟酸雨溶液的配制

模拟酸雨溶液是根据上海地区酸雨的类型及成分来配制的，pH 值为 2.5，其中各组分的配比见表 A.0.4。

表 A.0.4 模拟酸雨溶液的组分配比

组分	98%浓硫酸	65%浓硝酸	水
体积数	8 mL	2 mL	50 L

实验期间，模拟酸雨溶液循环使用，每一次喷淋循环之前都调节模拟酸雨溶液 pH 值至 2.5。

A.0.5 试验方法

喷淋装置放置在温度(23±2)℃、相对湿度(50±5)%的实验室环境中，采用模拟酸雨溶液对样板冲淋 8 h，关闭喷淋装置，静置 16 h 后观察样板变化，24 h 一个循环。

A.0.6 判定

5 个循环周期后，如 3 块试板中有 2 块未出现涂膜起泡、剥落、明显变色等现象，可评为“无异常”。如涂膜出现以上现象，按现行国家标准《色漆和清漆　涂层老化的评级方法》GB/T 1766 进行描述。

附录 B　配套材料与饰面涂料相容性试验方法

B.0.1　标准试验条件的温度应为(23±2)℃,相对湿度应为(50±5)%。

B.0.2　试验基材应为无石棉纤维水泥板,并应符合下列规定:

1　应符合现行行业标准《纤维水泥平板　第 1 部分:无石棉纤维水泥平板》JC/T 412.1 的技术要求。

2　应按现行国家标准《色漆和清漆　标准试板》GB/T 9271 的有关规定进行表面处理。

3　尺寸规格应为 150 mm×70 mm×(4～6)mm。

B.0.3　试板制备应符合下列规定:

1　试验样品及基材应在标准试验条件下放置至少 24 h。

2　应按现行产品标准的有关规定在试验基材上先刮涂 1 mm 厚的腻子,并在标准试验条件下养护 5 h;然后在腻子层上涂刷底漆,标准试验条件下养护 6 h 后,继续涂刷相应的面漆,最后在标准试验条件下养护 7 d。

B.0.4　试验步骤应符合下列规定:

1　复合涂层的涂膜外观通过目视观察执行。

2　复合涂层的耐水性应按现行国家标准《漆膜耐水性测定方法》GB/T 1733 的规定执行。

3　复合涂层的耐冻融性应按现行行业标准《建筑涂料涂层耐冻融循环测定法》JG/T 25 的规定执行。

4　当每个试验 3 块试板中有 2 块的试验结果符合本标准表 3.4.3 的规定时,应判为合格。

本标准用词说明

1 为便于在执行本规程时区别对待，对要求严格程度不同的用词说明如下：

1）表示很严格，非这样做不可的用词：

正面词采用"必须"；

反面词采用"严禁"。

2）表示严格，在正常情况下均应这样做的用词：

正面词采用"应"；

反面词采用"不应"或"不得"。

3）表示允许稍有选择，在条件许可时首先应这样做的用词：

正面词采用"宜"；

反面词采用"不宜"。

4）表示有选择，在一定条件下可以这样做的用词：采用"可"。

2 规程中指明应按其他有关标准执行时，写法为："应符合……的规定（或要求）"或"应按……执行"。

引用标准名录

1 《漆膜耐水性测定方法》GB/T 1733

2 《色漆和清漆 涂层老化的评级方法》GB/T 1766

3 《色漆和清漆 标准试板》GB/T 9271

4 《合成树脂乳液外墙涂料》GB/T 9755

5 《合成树脂乳液内墙涂料》GB/T 9756

6 《复层建筑涂料》GB/T 9779

7 《涂料产品包装通则》GB/T 13491

8 《建筑用墙面涂料中有害物质限量》GB 18582

9 《外墙柔性腻子》GB/T 23455

10 《儿童房装饰用内墙涂料》GB/T 34676

11 《建筑装饰装修工程质量验收标准》GB 50210

12 《建筑工程施工质量验收统一标准》GB 50300

13 《纤维水泥平板 第1部分:无石棉纤维水泥平板》JC/T 412.1

14 《合成树脂乳液砂壁状建筑涂料》JG/T 24

15 《建筑涂料涂层耐冻融循环测定法》JG/T 25

16 《建筑内外墙用液态无机涂料》JG/T 26

17 《建筑外墙用腻子》JG/T 157

18 《弹性建筑涂料》JG/T 172

19 《建筑内外墙用底漆》JG/T 210

20 《建筑室内用腻子》JG/T 298

21 《低挥发性有机化合物(VOC)水性内墙涂覆材料》JG/T 481

22 《建筑涂饰工程施工及验收规程》JGJ/T 29

23 《抗菌涂料》HG/T 3950

24 《建筑用水性氟涂料》HG/T 4014

25 《水性多彩建筑涂料》HG/T 4343

26 《内墙耐污渍乳胶涂料》HG/T 4756

27 《建筑涂料用罩光清漆》HG/T 5065

28 《水性液态内墙硅藻涂料》HG/T 5172

上海市工程建设规范

建筑墙面涂料涂饰工程技术标准

DG/TJ 08—504—2021

J 10023—2021

条 文 说 明

2022　上海

目　次

Contents

1 总 则

1.0.1 近年来，本市建筑涂料行业发展迅速，建筑墙面涂料的性能品质和安全性得到大幅度提升，品类也不断增多，部分建筑涂料的标准先后进行了修订，为进一步提高建筑涂料工程质量，特别是使施工验收有据可依，制定本标准。

1.0.2 本标准适用于本市新建、扩建和改建的建筑墙面涂料涂饰工程中内外墙涂料的设计、施工和验收。

1.0.3 外墙涂料施工时常采用脚手架或高处作业吊篮，其安全技术应遵守国家有关规定，除此之外，尚应遵守施工中涉及安全问题的其他有关规定。

3 材 料

3.1 一般规定

3.1.1 建筑墙面涂料、底漆、腻子等材料对室内空气质量影响较大，关系居住者的健康与安全，故本条要求相关产品的有害物质限量应符合现行国家标准《建筑墙面涂料有害物质限量》GB 18582 的技术指标规定。

3.1.2 涂饰材料的包装是否完整、注明信息是否正确将影响工程施工，特别是产品型号、产品标准、保质期和配合比等信息对保证施工质量起到重要作用。

3.1.3 涂饰材料大多含有机物质，储存在通风干燥的地方有利于贮存环境安全及预防产品霉变。另外，目前的建筑墙面涂料全部为水性涂料，由于受乳液的稳定性影响，贮存温度不宜低于 5℃，不然会影响最终的涂料性能。

3.1.4 涂饰材料也有保质期，均应在注明的保质期内使用。

3.2 外墙涂料

3.2.1 目前，国内市场上应用较广泛的外墙涂料有合成树脂乳液外墙涂料、弹性建筑涂料、合成树脂乳液砂壁状建筑涂料、建筑外墙用液态无机涂料、建筑用反射隔热涂料、复层建筑涂料、水性氟树脂涂料、水性多彩建筑涂料、建筑涂料用罩光清漆等，其中建筑用反射隔热涂料因为已经有专门的应用技术规程，所以本标准中就不作另外规定。

1 合成树脂乳液外墙涂料是指以合成树脂乳液为基料与颜

料、体质颜料研磨分散后加入各种助剂配制，施涂后形成表面平整的薄质涂层的外墙涂料。主要品种有丙烯酸乳液、硅丙乳液等配制的外墙涂料。物理性能技术指标按国家标准《合成树脂乳液外墙涂料》GB/T 9755—2014 中一等品的要求执行。

2 弹性建筑涂料是指以合成树脂乳液为基料，与颜料、填料及助剂配制而成，施涂一定厚度（干膜厚度≥150 μm）后，具有弥盖因基材伸缩（运动）产生细小裂纹的有弹性的功能涂料。物理性能技术指标按行业标准《弹性建筑涂料》JG/T 172—2014 中Ⅰ型的要求执行。

3 合成树脂乳液砂壁状（真石型、仿石型）外墙涂料是指以合成树脂为主要粘结料，以砂料和石粉为骨料，在建筑物饰面上形成具有仿石质感涂层的涂料。物理性能技术指标按现行行业标准《合成树脂乳液砂壁状建筑涂料》JG/T 24 的要求执行。

4 建筑外墙用液态无机涂料是以碱金属硅酸盐或硅溶胶为主要成膜物质，加入适量固化剂、填料、颜料及助剂配制而成的涂料。物理性能技术指标按现行行业标准《建筑内外墙用液态无机涂料》JG/T 26 的要求执行。

5 复层建筑涂料一般有底涂层、主涂层（中间涂层）和面涂层组成，其中以聚合物水泥等为主涂层（中间涂层）的复层涂料无底涂料。底涂层：用于封闭基层和增强主涂层（中间）涂料的附着力。主涂层（中间涂层）：用于形成凹凸或平状装饰面、厚度（如为凹凸状，指凸部厚度）为 1 mm～5 mm。面涂层：用于装饰面着色，提高耐候性、耐沾污性和防水性等。主涂层（中间涂层）可采用聚合物水泥、合成树脂乳液等作为粘结料配制的厚质涂料。底、中、面三层涂料必须按产品说明书选用，相互匹配。物理性能技术指标按现行国家标准《复层建筑涂料》GB/T 9779 的要求执行。

6 水性氟树脂涂料是以水性氟碳树脂乳液为基料，与颜料、填料研磨分散并加入各种助剂配制而成，施涂于建筑物表面，具有超高耐候性的涂料。主要品种有水性聚偏二氟乙烯氟涂料、水性氟烯烃/乙烯基醚(酯)共聚树脂氟涂料、水性含氟丙烯酸/丙烯酸酯类单体共聚树脂氟涂料。物理性能技术指标按现行行业标准《水性氟树脂涂料》HG/T 4104 的要求执行。

7 水性多彩建筑涂料指将水性着色胶体颗粒分散于以水性成膜物质(合成树脂乳液等)、颜填料、水、助剂等构成的体系中制成的水包水型多彩涂料。物理性能技术指标按现行行业标准《水性多彩建筑涂料》HG/T 4343 的要求执行。

8 建筑涂料用罩光清漆是指以丙烯酸树脂、硅改性丙烯酸树脂、聚氨基甲酸酯树脂等为主要成膜物质,加入助剂、水或溶剂等配制而成的涂于面漆之上形成保护装饰涂层的清漆。物理性能技术指标按现行行业标准《建筑涂料用罩光清漆》HG/T 5065 的要求执行。

3.2.3 外墙涂料耐酸雨性指标是针对上海地区的环境状况,在抽取上海市场上的 46 种外墙涂料试验,超过 75%的抽样能通过该耐酸性指标后增加的项目,试验方法见本标准附录 A 外墙涂料耐酸雨性试验的测定。

3.3 内墙涂料

3.3.1 目前,国内市场上应用较广泛的内墙涂料有合成树脂乳液内墙涂料、水性液态内墙硅藻涂料、抗菌涂料、儿童房装饰用内墙涂料、内墙耐污渍乳胶涂料、低挥发性有机化合物水性内墙涂料、建筑内墙用液态无机涂料等。

1 合成树脂乳液内墙涂料是指以合成树脂乳液为基料,与颜料、体质颜料研磨分散后加入各种助剂配制,施涂后形成表面平整的薄质涂层的内墙涂料。物理性能技术指标按国家标准《合成树脂乳液内墙涂料》GB/T 9756—2018 一等品的要求执行。

2 水性液态内墙硅藻涂料是指以合成树脂乳液为主要成膜物质,硅藻材料为功能填料,适量加入其他填料、颜料及助剂制成的建筑内墙涂料。物理性能技术指标按现行行业标准《水性液态内墙硅藻涂料》HG/T 5172 的要求执行。

3 抗菌涂料是具有抗菌作用的涂料。物理性能技术指标按现行行业标准《抗菌涂料》HG/T 3950 的要求执行。

4 儿童房装饰用内墙涂料是指以合成树脂乳液为基料，与颜料、体质颜料及各种助剂配制而成的，施涂后能形成表面平整的薄质涂层的内墙涂料，主要用于儿童房、幼儿园等儿童活动场所内墙墙面装饰。物理性能技术指标按现行国家标准《儿童房装饰用内墙涂料》GB/T 34676 的要求执行。而上海市团体标准《儿童水性内墙涂料》T/310101002—C001—2017 提出更加严格的标准，为了涂料产品高质量发展，本条参考上海市团体标准的要求，对儿童房装饰用内墙涂料的耐洗刷、TVOC 释放量和甲醛释放量作了额外的要求。

5 内墙耐污渍乳胶涂料是指以合成树脂乳液为基料，与颜料、体质颜料及各种助剂配制而成的，施涂后能形成表面平整的具有耐污渍性能的薄质涂层的白色和浅色内墙涂料。物理性能技术指标按现行行业标准《内墙耐污渍乳胶涂料》HG/T 4756 的要求执行。

6 低挥发性有机化合物（VOC）水性内墙建筑涂料是指在满足基本物理性能的条件下，具有低挥发性有机物（VOC）含量及低总挥发性有机化合物（TVOC）释放量的内墙涂料。物理性能技术指标按现行行业标准《低挥发性有机化合物（VOC）水性内墙涂覆材料》HG/T 4756 的要求执行。

7 建筑内墙用液态无机涂料是指以碱金属硅酸盐或硅溶胶为主要成膜物质，加入适量固化剂、填料、颜料及助剂配制而成的涂料。物理性能技术指标按现行行业标准《建筑内外墙用液态无机涂料》JG/T 26 的要求执行。

3.4 配套材料

3.4.1 为了保证涂层体系的配套性，合成树脂乳液外墙涂料配套的底漆应符合现行国家标准《合成树脂乳液外墙涂料》GB/T 9755 的技术要求，而其他通用型的外墙底漆应符合现行行业标准《建筑用内外墙用底漆》JG/T 210 的技术要求；合成树脂乳液内墙涂料配套的底漆应符合现行国家标准《合成树脂乳液外墙涂料》GB/T 9756 的技术要求，而其他通用型的外墙底漆应符合现行行业标准《建筑用内外墙用底漆》JG/T 210 的技术要求。

3.4.2 配套内外墙腻子也应符合相应的产品标准的技术要求，其中柔性腻子基本是用在外墙，则根据工程要求满足现行国家标准《外墙柔性腻子》GB/T 23455 的技术要求。目前，工程用腻子质量参差不齐，腻子的有害物质成为影响室内有害物质含量的重要因素，因此本标准规定了腻子的有害物质限量应符合现行国家标准《建筑用墙面涂料有害物质限量》GB 18582 中腻子的技术要求。

3.4.3 配套材料与饰面涂料的相容性对涂饰工程质量影响很大，根据工程案例经验，涂饰工程中常出现的开裂、掉粉等问题可能并非单一产品质量有问题，而是其相互之间的配套性存在问题，因此有必要测试配套材料与饰面涂料之间的相容性。但是相容性测试没有对应标准借鉴，因此本标准附录 B 设计了相容性测试的方法。

4 设 计

4.0.1 建筑用墙面涂料在施工期间与使用期限内，应符合安全、健康、环保的原则，都应根据本标准第3章规定的技术指标要求经国家认可的建材测试机构检测合格。

4.0.2 本条中建筑物所处环境是指所在地的地理、气候等诸多条件。施工条件指的是施工工艺、人工或机械化程度等因素。

4.0.3 粘结性是指砂浆粉刷层与外墙墙体的粘结牢度及防止起砂和开裂的能力，以确保砂浆基层不起壳和涂膜层的耐久性。

4.0.4 对外墙涂料的选择，必须考虑当地的日照、风雨、温湿度及大气质量等气候环境的影响；对内墙涂料的选择，必须考虑是否有功能性需求，如防涂鸦、抗菌防霉等。本条所列技术指标均与使用条件直接有关，由生产厂方提供正确的数据，必要时可作现场小面积试涂后择优选定。

4.0.5 涂料品种确定后，涂料的颜色必须由设计者指定与认可。涂料色彩应与环境相适应，宜以鲜而不艳、明而不亮为原则。凡需选用色卡编号之外的颜色，应由设计者提供色样，初步确定后，宜由涂料生产厂提供实涂色板，并经设计、施工单位和生产厂共同认可封样，据此验收上墙涂料。针对具体工程的使用年限要求，生产厂也可推荐适宜的涂料，共同确保使用质量。

4.0.7 目前旧房改造工程中墙面装饰层维修改造占很重要的部分，而其中旧基层处理情况对后续的工程质量影响很大，必须认真对待。旧基层的类型很多，情况也比较复杂，本条仅列出了旧基层常见的一些问题和处理方法，但实际情况包括但不仅限于此，需要按照实际情况具体处理，以确保实际工程的质量。

4.0.8 厨房、卫生间和地下室的内墙常使用普通的内墙腻子和涂料，造成墙体因渗漏或者受潮发霉严重，此条特要求使用具有耐水功能的腻子和防霉涂料。

5 施　工

5.1 一般规定

5.1.1 采用同一家企业生产的底漆和面漆也是为了保证二者之间的相容性。

5.1.2 由于基层是做好涂料工程的关键,故应在基层验收合格通过后才可正式进行施涂。

1～2 规定基层应牢固清洁,不允许出现开裂空鼓、浮浆盐析等问题。

3 对基层含水率要求可按照现行国家标准《建筑装饰装修工程质量验收规范》GB 50210 的要求执行。根据经验,抹灰基层养护 14 d,混凝土基层养护 21 d,一般能达此要求。含水率可用砂浆表面水分测定仪测定,也可取样实验室测定。

5.1.4 本条中的合格产品报告指的是产品型式检验报告。

5.1.5 本条规定了涂料进场后的复验要求:

1 考虑到同一厂家生产的同一品种、同一型号规格、同一批号的涂料产品性能稳定,所以以此划分检验批。

2 复验项目的选择以常规项目为准,设置 3 个～4 个检测周期短又能检验产品使用性能的指标,其中为了保证涂料使用的环保安全,均须复验 VOC 含量。另外,对于外墙涂料中的合成树脂乳液砂壁状建筑涂料、复层涂料等厚型涂料无法检测对比率的,则需要复测粘结强度。

5.1.6 目前建筑涂料品种较多,常规"一底二面"的施工方法并不适用于所有涂料,因而可以根据具体产品、具体工程质量标准采用合适的施工方法,但是需等前一道涂层表干后再涂后一道涂料还是需要遵守的建筑涂料施工原则。另外，像砂壁状涂料、多彩涂料等由于彩砂批次差异、彩点色差等原因可能造成不同批次之间的颜色差别较大，因此为了不影响建筑整体感观，本条要求整个工程同一片墙、同一幢楼宜使用同一批号涂料，无明显色差。

5.1.7 任何涂层在成膜前不能受潮、不被沾污。由于各类涂料的可施工温度不尽相同，故不作统一规定，但应按产品说明要求。根据涂料的品种特性，注意施工气温、空气湿度、风力大小，如遇反常情况严禁施工。

5.1.9 涂料工程施工完毕应注意产品保护，这是保证产品竣工和今后正常使用的必要措施，不容忽视。

5.2 施工工序

5.2.1 本条规定了合成树脂乳液内外墙涂料等薄涂型建筑涂料的施工，是推荐的常规施工工序，目前涂料产品品类繁杂，同类产品也不尽相同，在保证工程质量的前提下可根据产品特点做适当调整。

5.2.2 本条规定了弹性建筑涂料的施工。

2 高弹抗裂厚涂型涂料可直接施涂2遍面漆，即可得到凹点干膜厚度大于或者等于150 μm，凸点干膜厚度大于或者等于300 μm。

4 根据工程施工经验，弹性平涂型涂料施工后，其干膜厚度大于或者等于150 μm以上，才具有弥盖裂纹的性能。

5.2.3 本条规定了合成树脂乳液砂壁状建筑涂料的施工。

2 涂料的施工中除常规工序外，墙面需按设计分成小格(根据经验以1.5 m^2左右为宜)，然后逐格顺序进行。

3 砂壁状涂料施工可采用辊涂、抹涂或喷涂。凡需喷涂的需事先做试喷，以便掌握涂料的稀稠度，及确定喷嘴口径的规格、空气压力的大小等重要工艺参数。

4 砂壁状涂料喷涂施工时对施工手法要求较高，为确保施工效果但又不增加企业负担，同一立面最好采用同一喷涂手法施工。

5.2.4 本条规定了复层建筑涂料的施工。

1 复层建筑涂料的施工工序应注意腻子、底涂料与中、面层涂料的匹配。根据装饰质量要求可增加人工滚压工序。

2 为确保设计要求的质感，中层涂料宜采用喷涂工艺，喷涂中应熟练喷枪使用方法，必须连续作业，使墙面质感保持均匀。

3 需压平的中涂层，不同季节应严格掌握表干时间，过早或过迟压平，均影响质感。

4 水泥系的中间涂层，应有洒水养护的周期，如不洒水养护，再水泥水化凝结过程中如遇迎风或冬季温度偏低，则会引起水泥水化作用停止或减慢，导致粉化、剥落而影响工程质量。

6 验 收

6.1 一般规定

6.1.1 建筑墙面涂饰工程的施工和验收应首先按相关国家和行业现行标准规定执行。

6.1.2 建筑墙面涂饰工程的验收应待养护期满后验收，需同时完成资料验收和现场验收才算完成工程验收。

6.1.3 本条规定了资料验收需要的资料清单。

6.2 主控项目

6.2.1～6.2.4 工程验收必须满足的要求，任何一项不满足将不能完成工程验收。第 6.2.1 条规定的是资料验收必须具备的资料清单；第 6.2.2～6.2.4 条主要进行饰面外观的检查，饰面外观是装饰工程的主要项目之一，必须符合设计要求和工程验收要求。

6.3 一般项目

6.3.1～6.3.2 为了保证建筑墙面涂饰工程的美观和装饰性，规定了饰面外观的一些细节要求，表 6.3.1 和表 6.3.2 中开裂是指涂层开裂，不包括因结构开裂引起的涂层开裂。